如果你愿意，可以带着这本书走进自然，用脚步丈量地球漫长的历史。如果你走的每一步都代表书中时间尺上的一个刻度，那么你每走一步就会跨越100万年的时光！
也许你想每天读一页？那么每天就能了解地球1亿年的历史！

穿越时间的旅行，探寻地球46亿年的生命故事

地球之书

时间

[瑞典] 玛蒂尔达·鲁塔 著/绘　徐昕 译

科学普及出版社
·北 京·

我想告诉你这些秘密，
因为你就是我，我就是你，
我们是一体的。
当我枯萎时，你也会枯萎；
当我充满活力、生机勃勃、神采奕奕时，你也一样生机勃发。

我想告诉你这些秘密，
因为你是一个孩子，
一个生活在人类时期的孩子。
我老了，我已经有好几十亿岁了。
但或许，我们还可以成为朋友吧？

看！那里有一个人！
是的，一起来吧！我们再试着解释一下！
这个人或许愿意听！

名字：爱丽丝
在地球上的时间：8.5年
喜欢：猫
讨厌：甘草
爱好：爬树

名字：米瑟
在地球上的时间：2年
喜欢：老鼠！
讨厌：老鼠！
爱好：跟爱丽丝玩游戏

你好，人类！你能听到我们说话吗？
你好，你能听到吗？
你知道太阳是恒星吗？
你知道人类是动物吗？
你知道你在地球上只存在了不到半秒钟吗？
你还记得你曾经是一粒星尘吗？
你知道你的祖先曾是一条鱼吗？
我们想带你参观一下，你愿意跟我们一起去看看吗？
什么？现在吗？我能带上米瑟吗？
可以，来吧！

爱丽丝，我们想告诉你关于生命、死亡、时间、自然和人类的奥秘，还要带你认识你居住的星球——地球。你和米瑟将跟我们一起踏上一场时间之旅！这将是一段穿越“深时”的漫长而令人震撼的旅程，从地球诞生一直到现在！
“深时”是地质学中的一个时间概念，指的是地球漫长的历史中十分久远的时期，那个时候人类还没出现。在深时中，100万年只是短暂的一瞬，因为地球已经存在约46亿年了。
在这本书每一页的边缘有一把时间尺，用来记录这次时间之旅。时间尺上的一个小刻度对应100万年！每一页的时间尺都有100个刻度，代表了地球漫长生命中的1亿年。
也就是说，在打开的2页上，你可以庆祝2亿次生日哟！
好吧，我们知道了！那么现在可以开始了吗？

第一章　初始时刻

亲爱的时间旅行者，我们先来寻找一个合适的地方，最好是大自然中某个让你觉得舒服的地方。这里没有一点儿声音，可以让你安安静静地坐上一会儿。

吸气，呼气，平静地深呼吸。

看看你的四周。你看到了什么？

听一听，闻一闻！

这里有高大的树木吗？它们曾是一粒种子。

这里有耸立的高山吗？它们曾是滚烫的熔岩。

再深吸一口气，缓缓呼出。

你可曾想过，是什么让你来到这个世界？

是所有先于你存在的生命，让你得以生存。

就在这里，此时此刻。

46亿年前
冥古宙

是的，地面还不存在，
因为地球还不存在，
你认识的东西都还不存在。

没有猫，没有鞋子、树和伙伴，
甚至连一只灰色的小鸟都没有。
46亿年前，
只有黑暗的、无穷无尽的空间。

大约45.67亿年前：
太阳和行星形成。

大约45.1亿年前：
月球形成。

可是快看，这里即将发生一些变化！
要开始了！

第一日

一切开始于大约45.67亿年前美丽的一天。但是……其实它并不是一天，因为白天与黑夜还不存在。太阳还不能升起或落下，因为它才刚刚形成。

一颗巨大的恒星在银河系发生了爆炸，这场爆炸使一颗略小的恒星开始在一团气体云中形成。

此刻诞生的这颗恒星，就是我们所说的太阳。太阳形成后，气体和尘埃围绕着它旋转，聚集成了越来越大的团块。这些团块最后形成了我们太阳系中的八颗行星。

其中一颗就是地球——我们的家园！

八大行星

你可以在下方看到太阳系里的八大行星，它们的形成过程跟地球一样。这些行星同在太阳系中，意味着它们都围绕同一颗恒星太阳旋转。

水星

太阳系中最小的行星，离太阳最近。

金星

和地球很像，但是极其炙热。

地球

最棒的星球！

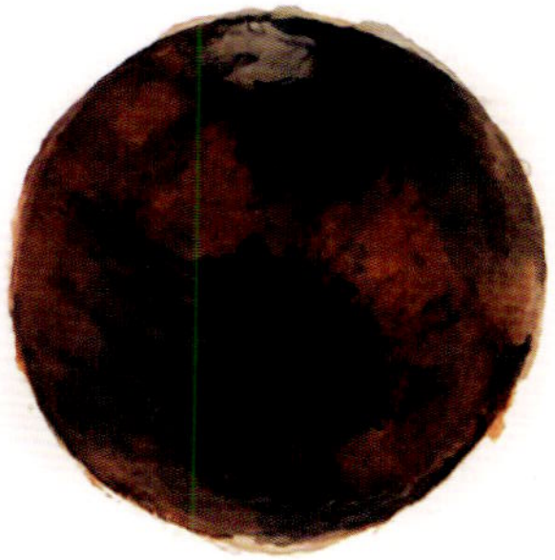

火星

这里也许存在过生命？

木星

体积巨大，几乎完全由气体构成，
它周围有92颗卫星！

土星

拥有最大、最亮的光环。

天王星

天王星上的一年等于
地球上的84年。

海王星

到处是风暴，由冰和气体组成。

太阳
139.2厘米

水星
0.5厘米

金星
1.2厘米

地球
1.3厘米

火星
0.7厘米

木星
14.3厘米

土星
12厘米

天王星
5.1厘米

海王星
5厘米

太阳和八大行星对比图（将其缩小到原来的十亿分之一后的直径数值）

42亿年前
冥古宙
欢迎你，爱丽丝！
我们终于降落到地球上了！
太阳系已经就位，地球刚刚形成，不过它的表面是流动的！
可以游泳了，对吧？
是啊，游泳真好玩儿！不过不觉得有点儿热吗？
其实，我们不能在这里游泳，我们无法在火一般的岩浆里游泳！
你甚至都没法活下去。所有东西都太烫了，没有生物能在这里生活。幸好我们只是假装在这里游泳。

42亿年前

我们的旅行从46亿年前太阳诞生之时就开始了。

然而，当我们前进了4亿年后，才发现此时地球刚刚诞生，它是一个火山喷发剧烈、熔岩四处流淌、快速旋转的球体。在炽热的岩浆中翻滚的所有化学物质都将保留下来，直到你生活的时代。它们将成为土地和水的重要组成部分，并存在于你的身体和所有生命体中。

“冥古宙”这个词源于哈迪斯——古希腊神话中的死亡之国。之所以叫这个名字，是因为当时的地球就像一个地狱，一个燃烧的、没有生命的世界。

月球

在这一时期，月球看起来非常巨大，这是因为它距离地球比现在要近！月球形成于大约45.1亿年前，可能是由于一颗名叫“忒伊亚”的行星与地球相撞，由此产生的碎片在太空中聚集，最终形成了月球，并开始围绕地球旋转，直到现在。它与地球的距离每年都会增加几厘米。

40 亿年前
太古宙

看！一个新的时期！太古的意思是“开端”，万事万物在这时萌芽……

大家小心，我们遭到了攻击！

大量陨石、小行星和巨型岩石开始撞击正在冷却的地球表面，到处充满了轰炸声。究其原因，可能是因为那些巨大的行星正在调整自己围绕太阳旋转的新轨道。当它们移动的时候，太阳系开始变得不稳定，导致一些天体经常与地球、水星、金星、火星等行星发生碰撞。

水出现了！

后期重轰炸期持续了约2.5亿年（时间尺上的黄色部分），这期间，地球表面逐渐被水和碳充斥，它们是构成所有生命的基础物质。这么看来，发生几次这样的轰炸或许是值得的！

在后期重轰炸期结束时，地球已具备孕育最初生命的全部条件：来自太阳的能量、酸碱度与咸度适中的液态水、适宜的温度，以及其他重要化学物质。

此刻，生命即将在这颗蓝色星球上萌发！

41亿—38.5亿年前（时间尺黄色部分）：后期重轰炸期。

我们能花一点儿时间来思考关于水的问题吗？

水在哪里？在湖泊与海洋中？还有呢？天空中有水的踪迹吗？在花朵的露珠里？在小狗湿润的鼻尖上？

是的，水存在于所有动物和植物体内。水在你的眼睛和身体里，那里涌动着最古老的水。

你现在喝的水，跟恐龙喝的水是一样的，跟你曾祖母那会儿下的雨水是一样的，跟树木从土壤里吸收和蒸腾出的水也是一样的。你喝着来自地球原始海洋里的水，就仿佛此刻置身于38亿年前一样。

37亿年前：
已知最古老的生命痕迹！

生命的诞生！

我们终于从这场大轰炸中逃了出来，扑通一声落在原始海洋里。此时，天空是粉红色的，浅绿色的海水里几乎没有氧气。不过，在海洋出现后，地球便成了一个生命可以存在的地方，因为所有生物的生存都需要水，每天都需要新的水来维持身体正常运转。

大约在这个时期，地球上的第一个生命出现了。或许更早一些？一部分科学家认为，可能在后期重轰炸期之前，地球上就出现了生命，它们在岩石的裂隙中躲过了高温。但是这种说法并不一定是准确的，因为时间过于久远，所以人们只能猜测。

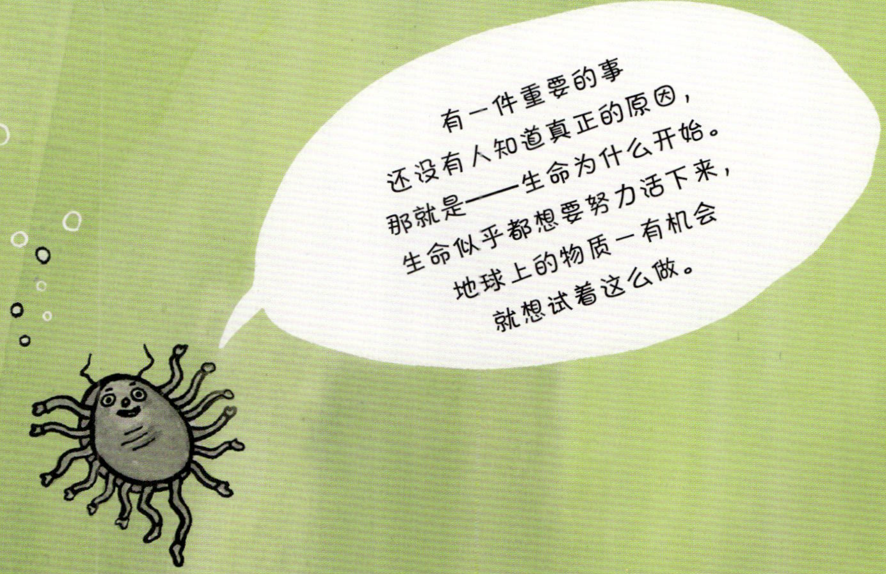

生命之点

一些最早的生物被称为古菌，这个名字最初代表的意思是“原始的、古老的东西”。古菌和细菌都是极其微小的生物，它们甚至算不上真正的动物，只不过是肉眼看不见的极小的生命点而已。

36亿年前
太古宙
你好啊，又见面了！我们已经旅行了一段时间了！现在我们来到了36亿年前！在这里，你们将会遇到你们最古老的亲戚——“共同祖先”LUCA！
哇啊啊啊！LUCA！欢迎！
但我不明白，它是什么东西？
我的名字LUCA代表的是“最后的一个共同祖先”的意思。也就是说，LUCA是所有生物最早最早最早最早……的老祖宗！
是这样的：如果你想到的是妈妈的妈妈的妈妈的妈妈的妈妈的……
一直这样想下去，一直想到好几十亿年前，这样你就会追溯到LUCA这里了。她就是你的一个亲戚！
我的亲戚！
LUCA不仅仅是人类的亲戚，也是所有生物的亲戚。因为在一开始，我们都属于同一个家族，所有生物都是一家人！

家庭聚会！

我们不知道我们的共同祖先LUCA确切的样子，但它是一种很小的单细胞微生物，在原始海洋最深处的黑暗热泉中游来游去。LUCA是在大约42亿年前诞生的，随后它开始繁殖，并产生后代。不过这些后代逐渐发生了改变，变得截然不同，最后演化成了藻类、植物、动物等所有生物。

叠层石
你好，
别踩到我！

世界上最早的合作

这是34亿年前的一个傍晚，地球上只有少量氧气可以呼吸。此时，地球上遍布着叠层石，它们由大量微生物构成，这些微生物层层相叠，就像蛋糕一样。叠层石中的微生物擅长不同的工作，它们分工合作，构成了一个原始的生态系统。这时仍没有植物、动物和人类，叠层石中的微生物是地球上第一批合作共生的生物。它们完成了一项至关重要的工作——光合作用！

嗨，爱丽丝！
现在我们暂停一下时间旅行！
我们回到了现代，我需要在这里解释一个词——
光合作用！
你是人，我是鼠妇，
我们都是动物。
我们都需要植物的帮助，
才能呼吸。
现在吸一口气，
尝一下空气的味道。
你吸入的是……
氧气
再呼一口气！
这时你呼出来的
气体已经变了，
它变成了……
二氧化碳

光合作用

植物借助阳光，将二氧化碳和水转化成有机物并释放氧气的过程，叫作光合作用。光合作用是地球上的生命能够运转的关键因素之一。空气中几乎所有的氧气都是由植物、藻类和细菌通过光合作用产生的。

大约在27亿年前，地球上就出现了产氧光合作用。

第二章　生机勃勃

亲爱的人类，你会经常想到你正身处在浩瀚的宇宙中吗？你会想到你所在的地球是一颗不断运动和旋转的星球吗？当你迈出脚步时，你是否想过地面是由什么构成的？空气是什么？想象一下，地球上现在和过去的所有群居、游动、爬行、飞翔的生命！地球是一颗充满生机的星球，你也是地球生命的一部分，正如你身体里的细胞是你的一部分一样。

虽然生命已经在地球上存在了一段时间，但是现在，在我们的时间之旅即将到达的这个时期，光合作用及生命才真正开始。从某种意义上说，地球此刻才真正展现出蓬勃生机。有些人把这颗有生命的行星称为盖亚，有些人称它为帕查玛玛，不过就叫它地球也可以，或者称呼它为地球母亲。

演化

随着时间的推移，地球上的生命在不断地发生变化。动物和植物的种类越来越多，它们具有不同的形态特征。有时它们与周围的环境相适应，就能活得更久，繁衍更多的后代。有时情况会变得很糟糕，那些不适应生态系统的物种就会活得短一些。长颈鹿长得越来越高，以便够到树上最美味的叶子；猴子长出了可以对握的拇指，使它们能够抓住树枝。长此以往，留下来的物种会变得越来越灵活、越来越聪明、越来越有趣。这个过程就是演化。

演化并不意味着变得更好，而是更适应特定时期内的环境。天气寒冷时，拥有温暖的毛皮；空气中有大量氧气时，能适应呼吸氧气的生活。有些动物最初在海洋里生活，之后来到了陆地上，最后又回到了海洋里，这取决于当时怎样做对其更有利。

不同的植物和动物有不同的能力，所以它们会彼此帮助。如果一个物种灭绝了，也许另一个物种能生存下来。有时候它们会把对方吃掉，有时候它们会进行合作。它们在地球表面构成了一个整体，就像一张由成千上万个小块组成的拼图，所有存在差异的生物都拥有自己重要的位置。

生态系统

地球上生存的生命这张巨大的拼图，由所有植物和动物共同合作交织而成，被称为生态系统。在生态系统中，植物、动物和环境之间互相影响、互相制约。不同地区的生态系统看起来有所不同。整个地球就是一个统一的、巨大的生态系统，但在这个巨大的生态系统中，还有许多较小的生态系统。一片森林、一个湖泊，甚至是一个小小的鱼缸，都是独立的生态系统。生态系统的构成与生物之间的关系错综复杂，所以我们不知道哪些部分是互相需要的。如果破坏了关键的部分，整个生态系统就会崩溃。生态系统需要所有元素相互配合才能运转，而它的运转方式，有的连科学家都不甚了解。

24亿年前

元古宙

24亿—21亿年前：休伦冰期。

一个冰冻的星球

一些科学家认为，在休伦冰期，地球完全冻结了，就像一个巨大的雪球。这一时期大约持续了3亿年。

地球在其发展的过程中，时不时就会经历冰期。那时，地球上的气候有时会变暖，有时会变冷，就像季节更替一样，只不过时间跨度会长达数百万年。有时像夏天，地球上会变得异常炎热；有时像春秋，气候会变得凉爽一些；有时又像漫长而寒冷的冬天，整个地球被冰雪覆盖，只有在极少数地方，生命才能存活下来。

人们认为，地球的冷暖周期与地球绕太阳运行的轨道变化及地轴的倾斜角度有关。地球上的生命似乎也会对气候造成影响。生命的形式越复杂，地球上的温度似乎越稳定。自从陆地上出现植物以后，地球就再也没有变成过完全冰冻的“雪球地球”。

在我们等待地球变暖的时候，
我们先来思考一下我们的身体。
你有没有想过，是谁赋予了你神奇的身体？
你有没有感谢过它们的帮助？
现在，让我们一起来感谢它们！

来自时间的礼物

从我们的心脏开始！

请你闭上眼睛，聆听身体内部的声音。你能听到心脏的跳动吗？心脏将血液泵向你身体的各处，为你的身体提供氧气和营养。除了水母、海葵和珊瑚，几乎所有动物都有血液循环系统。环节动物是最早具有血液循环系统的动物。幸好它们为我们和其他所有动物解决了这个问题，因为如果没有血液循环系统，我们就无法存活。

感谢它们让我们
有了跳动的心脏！

你能听见吗？

如果可以，试着把耳朵捂住一小会儿。你能听见什么？什么都没有？还是能听见心跳声？或是来自体内的其他声音？我们的耳朵和听觉是从远古祖先鱼类那里遗传来的。原始鱼类的颌骨逐渐演化成了我们耳朵里的听小骨，也就是说，我们的鱼祖先曾用我们的耳朵来咬东西。

感谢远古祖先
让我们听到了声音！

是时候像鳗鱼一样扭动身体了！

将身体向后扭，转过身去，转圈，摇摆。在寒武纪生命大爆发（约5.25亿年前）时，出现了最早长有脊椎的动物。脊椎将我们的身体连在一起，让我们更加灵活。最早的脊椎动物大概就像鳗鱼一类的动物，它们演化出了脊椎，以便转弯和游动。现在，一些动物利用脊椎来奔跑、跳舞和游戏。你能用你的脊椎做什么呢？

感谢老祖先让我们有了脊椎。

我们可以跳舞了！

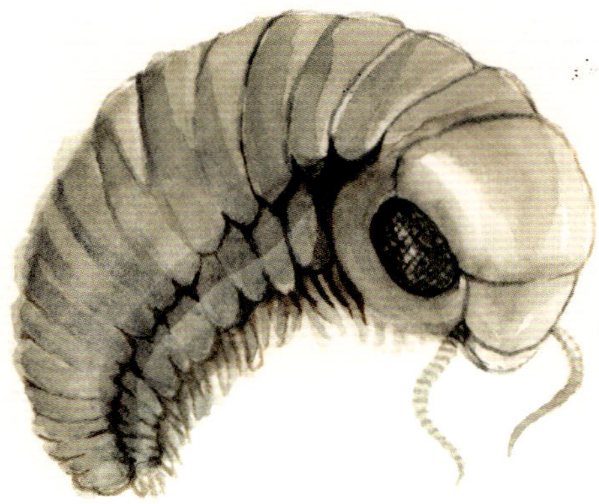

你能看见吗？

在眼睛出现之前，地球上没有谁知道事物是什么样子的，因为没有谁看得见。现在，请你闭上眼睛，想一想你曾见过的一切：袜子、蒲公英、足球、纸片、大海、你的朋友……生物第一次能看见，是在大约5.5亿年前三叶虫和它们的亲戚发育出眼睛的时候。

感谢它们让我们有了眼睛。

感谢我们所看见的一切！

碧绿的海洋

这是20亿年前的一个清晨，地球正从第一个冰期休伦冰期中慢慢融化，我们将继续我们的旅程。此时的地球上充满了生机！或许看起来和之前没什么变化，但是这个时期这里正进行着大量微小的生命活动。

这一时期，地球上的氧气越来越多，主要来自开始进行光合作用的蓝细菌。一些科学家认为，正是这个原因，致使地球上有些古老的微生物在这时灭绝了，因为它们无法适应有氧气的环境。

对那些古老的厌氧生物来说，这无疑是一场灾难，但对我们来说，却是一种幸运。因为如果没有氧气，就不会有植物、动物和后来的人类，氧气是动物生存必需的物质。不过此时，只有那些极小的微生物充斥在碧绿色的原始海洋中。

可是，等一下！看看那些微生物！它们在干什么呢？一个正在往另一个的身体里面钻！
是的！如果你仔细观察这些最小的生命，就会发现一件重要的事情正在发生，微生物们开始互相结合。它们相处得很好，于是就搬到了一起“住”，并相互合作。最后，它们形成了一种有细胞核的细胞，也就是真核细胞！
真核细胞是所有多细胞生物体的基本组成单位。就跟乐高积木一样，许多小块组合在一起，就可以构建完整的物体。我们身体的各个部分都是由这样的细胞构成的。
一个人体内大约有37 000 000 000 000个细胞。37万亿个小乐高拼块！真是太多了！

18亿年前
元古宙

无聊的十亿年

现在，当真核细胞、光合作用等这一切产生后，地球的海洋中充满了四处漂浮的活着的细胞，所以我们可以猜测，动物和人类即将出现。可是你知道后来发生了什么吗？

几乎什么都没发生。虽然生命已经开始演化，但似乎没有继续往前发展，陷入了停滞。在将近十亿年的时间里，就是时间尺上那段浅绿色的部分，地球上几乎只有蓝细菌存在。

开端

不过，情况倒也没有那么糟糕。虽然地球上异常平静，但有一些细胞开始悄悄地互相结合，经过极其缓慢地演变，逐渐发展成了真菌、动物和植物的原始形态。

17亿年前：多细胞真核生物出现。

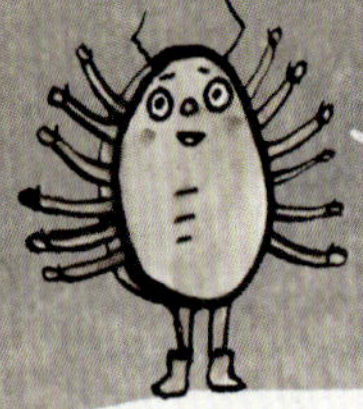

我突然想到了一件被我们忽略的非常重要的事情——死亡！

在地球的演化过程中，各种各样的生命诞生后，也会面临灭绝。

它们灭绝的原因通常是自然灾难或是地球平衡的改变。

当地球上发生大规模灭绝，很多物种同时消失时，通常会有新的、不同的物种随之诞生。

右侧是一张时间表，列举了所有大规模灭绝事件。你也可以在时间尺上找到它们，那些黑色的标记就是它们发生的时期。

4.43亿年前：奥陶纪大灭绝

冰期达到高潮，海平面下降了100米，海洋中85%的生物灭绝了。

3.72亿年前：泥盆纪大灭绝

陆地植物大量生长，80%的物种灭绝，其中主要是生活在浅水中的物种。

2.52亿年前：二叠纪大灭绝

规模最大的一次灭绝事件，几乎所有物种都灭绝了，比如巨型昆虫。

2亿年前：三叠纪-侏罗纪大灭绝

地球上半数物种在不到一万年的时间里消失了。

6600万年前：白垩纪-古近纪大灭绝

恐龙灭绝，可能是小行星撞击地球造成的。

现在：一声巨响

此时此刻，我们也许正处在一个新的大灭绝时期，一个由人类和他们的社会造成的大灭绝时期。越来越多的物种在灭绝，速度之快前所未有，比地球上前几次大灭绝要快百倍，有时甚至是千倍。

已灭绝的动物

这些都是因为人类原因而灭绝的动物，但实际上还有很多，其中既有植物也有动物，它们再也回不来了！目前，有100万个物种正面临灭绝的威胁。

第三章　一声巨响

亲爱的朋友，你知道吗？在过去的200年里，相对于地球的生命历程而言，这不过是短暂的一瞬，人类已彻底陷入疯狂，他们建造的文明正以惊人的速度破坏大自然。他们占据了大部分空间，将其他生灵驱逐殆尽。我们曾竭力呼喊，恳求他们停止，但他们充耳不闻。他们渴望创造、发明和探索，但这个过程一定是出了差错，因为现在他们正在杀害、摧毁和灭绝地球上的自然生物。

在地球的历史中，死亡是自然的一部分，生命和死亡密不可分。但人类带来的这声巨响却不一样，他们开启了一场大灭绝，但从中获得的只有金钱，而且只有极少数人类可以得到。甚至连气候也因为各种排放物而变得异常，风暴、高温、寒潮、干旱和洪水，这些现象同时出现了。很多经历漫长时间演化而成的美好生命正在逐渐消失。

我们现在十分害怕人类，他们已经习惯不停地向大自然索取，从不考虑大自然能否承受，就好像大自然是他们的财产一样！他们将一块又一块碎片从生命的巨幅拼图中拿走，最后几乎什么都不剩，除了人类自己！

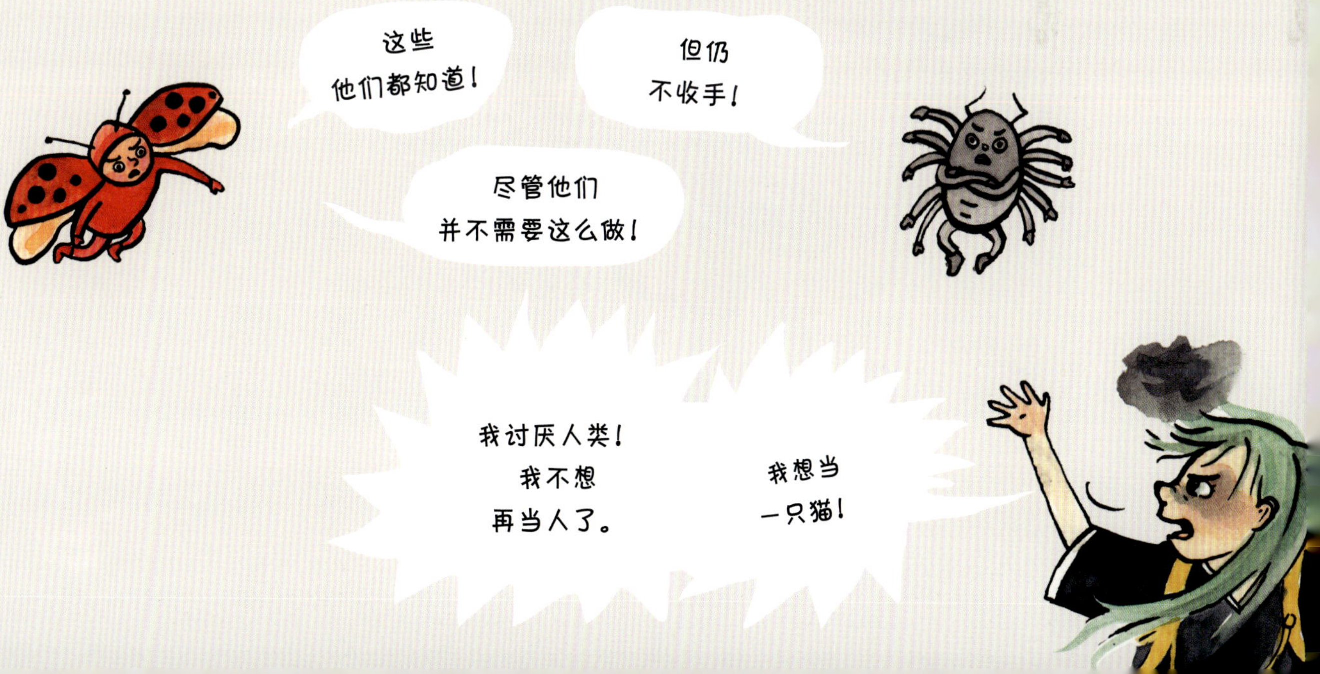

不，等一等，爱丽丝！你不需要变成猫，你是一个人！人类的所作所为，人类造成的破坏，不能仅仅因为你是人而归咎到你头上。但正因为你是人，所以你可以重新开始，采取不同的做法！

你们人类会制造，会发明，会探索，但你们不能制造死亡和破坏，你们完全可以用其他的方式。最近造成的这些后果，所有破坏和可怕的事情，这并不是人类的本意。

人类是——

会笑的动物

不安的动物

上蹿下跳的动物

会做饭的动物

时髦的动物

愚蠢的动物

爱生气的动物

在雨里奔跑的动物

乐于助人的动物

讲友谊的动物

你们人类是有爱心的动物，
会改变自己的动物，
会说对不起的动物。
你们是各种各样
奇妙、聪明、荒谬、
可爱的动物！最棒的是，
你们是可以自己选择成为什么样的
自己的动物。当人类彼此关怀、
互相倾听时，对你们来说
几乎没有什么是不可能的。
你想成为什么样的人呢？

会用药的动物

困惑的动物

愉快的动物

好奇的动物

有点儿笨的动物

爱玩枕头大战的动物

爱玩的动物

聪明的动物

有爱的动物

爱吹牛的动物

奇怪的动物

会发明的动物

建造房子的动物

会打瞌睡的动物

会安慰人的动物

不自信的动物

会尖叫和吼叫的动物

强大的动物

会取笑别人的动物

群体性动物

善良的动物

勇敢的动物

胆小的动物

10亿年前
元古宙
你好！你们回来了，太好了！
你怎么了？
我很伤心。
为什么？
为了所有已经灭绝的、再也回不来的动物。
是啊，好难过。
我们一起哭吧！

世界上最早的父母

我们再次踏上时间之旅。这一次来到了更加生机勃勃、错综复杂而强大的地球上。在“无聊的十亿年”间，出现了最早的藻类、最早的真菌和最早的动物。与此同时，还出现了最早的“父母”！也就是说，大约在12亿年前，生物就开始拥有繁殖能力。最早具有这种能力的，正是那些微小的藻类。

当植物和动物开始繁衍后代，它们的子代便成为类似它们的混合体，但和它们并不完全一样，而是完全独立的个体。

生物可以孕育跟自己有所不同的后代，这种能力来自一种多绒毛红藻。它们长得很可爱吧？我们得感谢这些远古生物，正是它们让我们能够跟长相不同的爸爸妈妈都有相似之处。

8亿年前
元古宙

大约7.17亿—6.62亿年前：斯图尔特冰期。

在“无聊的十亿年”之前诞生的那些细胞，开始聚集成越来越大的群体，而且它们之间变得越来越不一样。所以，爱丽丝，现在真的是时候了……

大约6.5亿—6.35亿年前：马里诺冰期。

一个新的时期！它被称为显生宙，将一直持续到今天。显生宙的意思大概是"看得见的生物"，没错，这些生物确实显而易见。

寒武纪生命大爆发

此前，地球上所有的生命在几十亿年间发展得十分缓慢。然而大约在5.41亿年前，发生了地球生命史上最大、最迅速的改变之一。在短短的2000万年间，海洋就像一锅沸腾的水，充满了各种奇特的、有趣的新物种，它们不断地涌现、演化、改变，数量越来越多，速度越来越快！这一时期被称为寒武纪生命大爆发，不是因为发生了爆炸，而是因为有大量新的生物同时出现。它们长出了脊椎和眼睛，并且变得越来越奇特、越来越酷。海洋中充满了生机！在这时的海洋中，你可以看到一些新的动物。

三叶虫

体长2毫米～40厘米。
它们的化石十分常见。
它们长得很像鼠妇！

古杯动物

体长约5～20厘米。
它们会过滤海水，
捕捉更小的生物。

大约5.41亿—5.2亿年前：寒武纪生命大爆发。

4.45亿—4.43亿年前：
奥陶纪大灭绝。

4.6亿—4.2亿年前：
安第斯-撒哈拉冰期。

3.72亿年前：泥盆纪大灭绝。

不行。
但你知道接下来会发生什么吗？
一些新的、与之前不同的、奇妙的生命即将诞生。这便是地球生命演化的法则。物种诞生，然后死亡，再诞生，再死亡……但总会有新的事物到来。因为生命总是在奋力延续，无论多么艰难和麻烦。从死亡中诞生新的生命，每一次都截然不同。而这次诞生的是……

……恐龙！

是的，现在我们来到了恐龙时代！不过我们无法见到所有恐龙，我们只来得及见一种。这种漂亮的恐龙叫小盗龙（生活在约1.3亿—1.2亿年前），作为恐龙，它们的体形比较小，跟一只绵羊差不多大。科学家们曾发现一件小盗龙的骨骼化石里含有鸟类的残骸，他们推测是小盗龙把那只小鸟吃进了肚子。这个时期小盗龙猎食的这些鸟类不是现代麻雀，但有可能是麻雀的远古近亲。后来恐龙灭绝时，一部分鸟类幸存了下来。随着时间的推移，它们慢慢地演化成了现在的鸟类。也可以说，麻雀就是小型的恐龙！

2亿年前

显生宙

2亿年前：三叠纪–侏罗纪大灭绝。很多大型动物物种在短时间内灭绝了，但恐龙幸存了下来。时间尺上的绿色部分代表恐龙在地球上生活的时期。

6600万年前：
白垩纪-古近纪大灭绝
（恐龙灭绝）。

大约5800万年前：
最早的蝙蝠出现。

大约5000万年前：
陆生哺乳动物
开始演化成鲸。

大约3700万年前：
最早的猴子出现。

大约2400万年前：
最早的猿类出现。

大约2000万年前：
最早的熊出现。

大约600万年前：
人类的祖先开始与
黑猩猩分化为两个
分支。

大约200万—100万年前：
最早的狼出现。

大约20万年前：
人类（智人）出现。

一条小小的红线

是的。看，在最下面，在我们这场时间之旅最后一小段旅程，在时间尺的最边缘处，那条小小的红线就是距离现在最近的20万年。人类在地球上存在的时间只有这么久。

为人类欢呼吧！

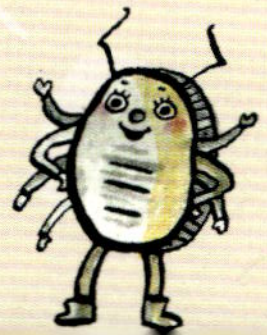

黑猩猩

蝙蝠

细齿兽 6500万—4200万年前
狼、猫、熊、狗、獾等动物的早期祖先。

侏罗兽 1.6亿年前
所有胎盘类哺乳动物的祖先，但是已经灭绝了。

剑齿虎
遗憾的是，它们也灭绝了。

游走鲸
返回海洋的哺乳动物，海豹和鲸的祖先！

努米底象
大象的祖先。

两栖兔
兔子的祖先。

狗獾属动物
已经灭绝的獾的祖先。

犬科动物
狼。

须鲸属动物
鲸，比如蓝鲸。

我们现在在哪儿？我们到了吗？

就快到了，我们休息了一会儿。刚刚你和米瑟在时间之旅外面，在没有时间的地方。因为我们觉得你们也需要休息。最后这段时间确实有点儿太快了。

你有没有觉得我们的旅程既短暂又漫长？在漫长的时间长河中，恐龙存在的时期其实很短。想想你的一生，虽然漫长，但与时间长河相比，它却短到无法在时间尺上显示。

我们沿途遇到的所有动物，它们都曾像你一样鲜活地存在过。它们争吵、玩耍、觅食，养育后代，这样普通而无聊的日常生活可能会延续数百万年。恐龙灭绝后，只有一些小型动物幸存了下来，比如类似鸟类和老鼠的动物。试想一下，它们需要多少时光才能演化成现代的动物。与此同时，在它们之间出生的那么多代动物，都将度过自己漫长而平凡的一生。

第四章　相信未知

亲爱的人类，你的身体是由地球上的物质组成的。这些物质在46亿年里一直被重复利用、不断循环、改变形态。你身体里的水，曾在亿万年前的大海里流淌；你体内细胞中的碳元素，曾经是恐龙羽毛的一部分。

你曾是千千万万的蚂蚁，曾是鱼；你曾是泥土、岩石和海洋；你曾是星尘，曾是冰。地球是你们的母亲和父亲，是你们自己，是窗户上的蝴蝶，是灌木丛中的沙沙声，是世间万物。你们不仅仅是亲戚，你们还是一体的！

你知道吗？你不只是个孩子，也是别人的祖辈，还是未来数百万人的祖先。你想给他们留一些寄语吗？

现在，时间之旅已经结束了，让我们再来看看地球上的另一种生灵。他们存在的时间几乎是最短的，但所做的破坏却是最多的。

在一个漆黑的夜晚，我们又回到了1000年前的地球。此时，生态系统的每一块拼图都已就位，新的生命形态仍在源源不断地涌现，地球从未像此刻这般错综复杂、生机盎然。

几个孩子正围坐在篝火旁。人类啊，这充满爱的生灵，你们已在这片土地上栖居了20万年。自远古至今，围火而坐始终是你们喜爱的仪式。当你凝视火焰时，可曾感受到这份跨越时空的羁绊？火种、土地、森林始终是人类文明的底色。汽车、飞机、计算机或许充斥着当下的生活，但纵观人类历史，你们更多时候是与自然共生共荣，与地球万物缔结着深厚的友谊。

20万年来，人类一直存在。而那“一声巨响”只存在了200年。这段时间很短，几乎无法在时间尺上留下痕迹。你们现在位于时间尺的最右端。想象一下，你们的生活变化有多么快！它还会发生怎样的变化？

你们也许是第一种毁灭自己家园的动物，哪怕你们知道这件事正在发生。但你们也是第一种能够意识到这一点的动物，你们明白这一切出了问题，是时候去阻止那些破坏者了。你们可以找到某种新的方式，某种更加有趣的生活方式！

9万年前：骨制鱼叉出现，是一种用骨头做的武器。

7.3万年前：人类最早的绘画出现。

6万年前：中东地区出现人类。

5万年前：南亚地区出现人类。

4.4万年前：洞穴绘画出现。

3万年前：欧洲出现人类。

2万年前：北美洲出现人类。

5000年前：最早的文字出现。

现在

亲爱的时间旅行者，我们终于回到了现代，回到了地球上我们自己的时代。

请你安静地坐一会儿。吸气，呼气，慢慢地深呼吸。看看你的周围，你看到了什么？听一听，闻一闻！

现在，想想那些跟你共享同一时空的所有生命，而你自己只是地球这颗行星上的人类动物。就是现在，此时此刻。

再见了，朋友们！
我们在下一本
《地球之书》里再见吧！
哇哦！

这就是我——你们强大的、既渺小又伟大的地球母亲。当我枯萎时，你也将枯萎；当我充满活力、生机勃勃、神采奕奕时，你也一样生机勃发。因为我们是一体的！无论是孩子还是大人，无论是鼠妇、雨天、爱还是土地，以及所有生生不息的生命，都是联系在一起的！

你知道吗？我还没有枯萎。每天都有新的孩子降生，每天都有新的动物出生，都有新的植物发芽。

每天都有人在门口转身而去，去往一个大家都想不到的、完全不同的方向。

图书在版编目（CIP）数据
时间 /（瑞典）玛蒂尔达·鲁塔著、绘；徐昕译．
北京：科学普及出版社，2025. 5. --（地球之书）．
ISBN 978-7-110-10927-4
Ⅰ．P19-49
中国国家版本馆 CIP 数据核字第 2025YN1496 号

地球之书　时间

策划编辑：李世梅
责任编辑：李世梅
助理编辑：刘　岩
封面设计：怪奇动力
版式设计：中文天地
责任校对：吕传新
责任印制：李晓霖

出　　版：科学普及出版社
发　　行：中国科学技术出版社有限公司
地　　址：北京市海淀区中关村南大街 16 号
邮　　编：100081
发行电话：010-62173865
传　　真：010-62173081
网　　址：http://www.cspbooks.com.cn

开　　本：889mm × 1194mm　1/16
字　　数：90 千字
印　　张：4.5
版　　次：2025 年 5 月第 1 版
印　　次：2025 年 5 月第 1 次印刷
印　　刷：北京瑞禾彩色印刷有限公司
书　　号：ISBN 978-7-110-10927-4 / P · 248
定　　价：68.00 元
